PUBLICATIONS HORS SÉRIE DE LA SOCIÉTÉ NIVERNAISE DES LETTRES, SCIENCES ET ARTS

L'Agriculture
dans la
Région des Amognes
à la fin du XVIIIe Siècle

D'après la relation contemporaine inédite
de J.-Cl. FLAMEN D'ASSIGNY

PAR LE

Baron J. de TERLINE

NEVERS
Imprimerie de la Nièvre, Avenue de la Gare, 24

1927

L'AGRICULTURE DANS LA RÉGION DES AMOGNES

A LA FIN DU XVIIIe SIÈCLE

PUBLICATIONS HORS SÉRIE DE LA SOCIÉTÉ NIVERNAISE DES LETTRES,
SCIENCES ET ARTS

L'Agriculture
dans la
Région des Amognes
à la fin du XVIIIe Siècle

D'après la relation contemporaine inédite
de J.-Cl. FLAMEN D'ASSIGNY

PAR LE
Baron J. de TERLINE

NEVERS
Imprimerie de la Nièvre, Avenue de la Gare, 24

1927

L'Agriculture dans la région des Amognes

à la fin du XVIIIe Siècle

(d'après la relation contemporaine inédite de J.-Cl. FLAMEN D'ASSIGNY).

(Communication faite à la Société Nivernaise des Lettres, Sciences et Arts)

Messieurs,

Dans son « Introduction bibliographique » (1) consacrée à l'histoire économique du Nivernais, notre regretté confrère Paul Cornu, abordant le chapitre de l'agriculture, s'exprimait ainsi : « Notre département est essentiellement agricole, aucun historien n'a cependant tenté d'y étudier méthodiquement le développement de l'agriculture depuis M. de Chambray qui, en 1834, a publié à Nevers chez Fay : « De l'agriculture et de l'industrie dans la province du Nivernais... » (2).

De fait, si l'on excepte l'histoire plus spéciale de l'élevage et de la condition des personnes, il faut reconnaître qu'il n'existe pas un seul ouvrage traitant véritablement de l'évolution de l'agriculture dans notre province. Les éléments d'information sur ce sujet proprement dit sont épars, peu nombreux, noyés dans une débauche effroyable de statistique, ou encore traités de façon plus ou moins sommaire suivant l'importance de la monographie présentée. Sans doute les Mémoires d'Isaïe Bonfils (1700-1740) (3) marquent une exception à cette règle, mais ils n'ont trait qu'à la seule région de Luzy. Vous comprendrez donc, Messieurs, l'intérêt qui s'at-

---

(1) Société Académique du Nivernais, *Mémoires*, tome XVII, pages 307 et suivantes (Paul CORNU).

(2) L'ouvrage du marquis de Chambray — une plaquette de 40 pages — est lui-même, à proprement parler, beaucoup plus un tableau résumé de l'agriculture en Nivernais au début du XIXe siècle qu'une histoire de l'agriculture.

(3) Société Académique du Nivernais, *Mémoires*, tome VII, pages 60 et suivantes (Lucien GUENEAU).

tache à la mise au jour d'un document inédit sur l'agriculture dans les Amognes à la fin du XVIIIe siècle : Dans le cadre restreint de ce pays des Amognes, il se présentera comme un tableau, brossé d'après nature et avec une précision admirable dans le détail de toutes les méthodes de culture alors pratiquées ; par comparaison, il nous permettra de juger aussi du chemin parcouru dans la voie si importante de l'amélioration des rendements de la terre ; au titre de l'histoire générale de l'agriculture, enfin, ce sera une mine de renseignements, précieuse entre toutes.

C'est à l'obligeance de l'un de nos collègues de la Société Nivernaise, M. Louis d'Assigny, que nous devons la communication de ce Mémoire ; manuscrit d'une vingtaine de pages, il a été composé à l'époque par son arrière-grand-père, Jean-Claude Flamen d'Assigny. Le mémoire, conservé par notre collègue parmi ses papiers de famille, porte le titre suivant : « De l'agriculture du canton de Saint-Sulpice-aux-Amognes, spécialement des communes de Saint-Sulpice, Saint-Jean, Saint-Firmin ». Il est daté de Sury, 1er ventôse an IX (c'est-à-dire du 20 février 1801) : en 37 petits articles, M. Flamen d'Assigny, qui savait voir et observer, et dont la compétence en la matière se révèle indiscutable, — n'était-il pas un des membres les plus écoutés de la Société d'agriculture de Nevers (1), — M. Flamen d'Assigny, dis-je, avait noté, *currente calamo*, une foule de constatations extrêmement curieuses sur tous les procédés, modes et pratiques alors en usage dans cette région des Amognes, où lui-même dirigeait d'ailleurs un important faire-valoir. Toutefois, pour la clarté de notre exposé, pour éviter certaines redites, nous avons jugé préférable à une lecture monotone des 37 articles du document, l'adoption d'un plan d'ensemble. Après une brève présentation de l'auteur, après quelques mots aussi sur ce canton de Saint-Sulpice-aux-Amognes, aujourd'hui disparu, nous traiterons d'abord, d'après le texte de M. Flamen d'Assigny, de la culture, telle que l'entendaient les vieux Amoignons ; nous parlerons ensuite de leur bétail et des soins qu'ils lui donnaient ; pour terminer, nous rapporterons, toujours d'après

---

(1) *Revue du Nivernais*, tome IX. — Passim : *Une Société d'agriculture à Nevers au moment de la Révolution* (Paul MEUNIER).

le Mémoire, les détails que nous y avons recueillis sur l'industrie dans les Amognes, la condition des personnes, etc...

***

Jean-Claude FLAMEN D'ASSIGNY

(1741-1827)

Jean-Claude Flamen d'Assigny, qualifié dans son acte de baptême fils de Jean-Claude, maître des comptes du duché de Nevers et de dame Louise Prisye, naquit à Nevers en 1741 (1).

Après de bonnes études de droit, qui lui valurent le titre d'avocat au Parlement de Paris, Jean-Claude partit pour l'Angleterre : nul mieux que lui ne devait mettre à profit tous les enseignements d'un long séjour à l'étranger : « Je crus revenir en France, écrivait-il plus tard dans un journal intime et dont il ne reste malheureusement que quelques fragments (2), avec une tête mieux faite, plus éclairée, un goût plus sûr, une philosophie mieux réglée, car dans ce pays dont je visitai plus de 300 lieues au sud, à l'ouest et au nord, je vis clairement qu'il y avait une patrie, un grand esprit public et de l'aisance dans les classes inférieures, et j'en souhaite autant pour la France ».

A son retour, Jean-Claude se fixait en Nivernais ; la charge de conseiller-auditeur à la Chambre des Comptes de Paris (3), dont il se rendait alors acquéreur [1778], n'était guère absorbante ; le plus clair de son temps, Jean-Claude le passait dans sa province natale, mûrissant un grand projet caressé depuis le voyage d'Angleterre ; celui de mettre personnellement en pratique les méthodes de culture et d'élevage qu'il avait observées là-bas. Une occasion favorable ne tardait pas d'ailleurs à se présenter : la terre et le château de Sury, dans les Amognes, se trouvaient à vendre : notre conseiller n'hésita pas à en faire « l'heureuse » acquisition (1784).

« Je dis heureuse, lisons-nous toujours dans son journal

---

(1) Registre de la paroisse de Saint-Jean de Nevers, 6 septembre 1741.
(2) Aux Archives Flamen d'Assigny.
(3) Almanach royal, d'Houry, Paris.

rédigé en floréal an IX (c'est-à-dire en mai 1801), puisque j'échangeai contre un assez grand morceau du sol du pays tous les contrats sur le roi et les particuliers qui faisaient la fortune de tant et tant de familles de Paris, et qui faisaient absolument celle de ma femme... La Révolution a presque anéanti cette espèce de bien ».

Comme bien on pense, le nouveau propriétaire s'installe à Sury sans plus tarder, et avec sa femme, la sœur du futur général Sorbier (1), et ses enfants, il y vivait des jours heureux suivant ses goûts, lorsque survint la Révolution avec son cortège de bouleversements de toutes sortes : ce fut d'abord la création des départements : Par ordonnance royale du 6 mars 1790, Jean-Claude fut nommé, concurremment avec MM. de Forestier, maréchal de camp, et le Bourgoing de la Beaune, major de la garde nationale de Nevers, commissaire pour la formation du département de la Nièvre et des districts en dépendant. Six mois plus tard, la Chambre des Comptes de Paris était supprimée : Privé des bénéfices de sa charge, n'ayant plus aucune raison de retourner à Paris, l'ancien conseiller-auditeur décide de se consacrer plus que jamais à l'agriculture et... s'efforce de se faire oublier ; mais les événements se précipitaient, l'ère de la folie furieuse et du sang était ouverte, la Terreur en un mot battait son plein.

Le mieux que nous puissions faire ici, c'est de donner la parole à Jean-Claude ; l'ébauche qu'il esquisse dans son journal de la vie à Nevers à cette époque, les détails qu'on y trouve sur lui-même méritent d'être rapportés :

« Qu'ai-je donc fait depuis la Révolution, pour la Révolution, contre la Révolution ? Triple question qu'on faisait dans les clubs ou assemblées ou sociétés populaires en 1793, 1794 et 1795 aux néophytes qui brûlaient d'une sainte fureur pour ce qu'on appelait alors la liberté et pour ce qui n'était que rage du pillage chez les uns, et excès de peur, de terreur, chez les autres ; il fallait répondre à ces questions de manière à contenter l'honorable assemblée ; les grands patriotes répondaient : J'ai fait tout ce qu'il fallait pour être pendu ; les plus sages, les plus modérés, les plus tièdes parlaient d'un ton plus

---

(1) Jean-Claude Flamen d'Assigny avait épousé en premières noces (10 juin 1771) Jeanne Gestat, décédée quelques années plus tard (registres paroissiaux de Champlemy) ; en secondes noces, à Paris, le 5 septembre 1780, Angélique Barthelemot-Sorbier.

doux, mais toujours avec des formes caressantes. Dans chaque club, il y avait toujours une petite meute de tigres dont il fallait endormir la fureur ; une seule réponse équivoque qui aurait présenté un double sens ou prêté le moins du monde au reproche ou à l'indifférence eût été suivie d'une dénonciation, et cette dénonciation eût été un arrêt de mort.

» Revenu de Paris en 1791, je vivais à Sury avec ma femme et mes enfants. On me nomma maire de Nevers, je refusai, on le pouvait encore ; cependant quelques mois après, ayant été nommé membre du bureau des conciliations à Nevers, j'acceptai : cette touchante et paisible institution me plaçait loin des cris des énergumènes ; je remplis mon devoir avec plaisir. Au mois de juillet 1793, le représentant du peuple, Fouché, me nomma officier municipal, j'acceptai, mais il me nomma maire de Nevers à la fin de septembre dans une assemblée générale qu'il tint pour refondre toutes les autorités de la ville ; j'acceptai mais je sentis la moitié de mes cheveux se dessécher et blanchir sur ma tête. Nevers était sans paix ; les campagnes sans pain affamaient encore plus la ville ; le maximum funeste venait d'être fixé pour toutes sortes de comestibles et de marchandises, toute la France était en dissolution ; les bandes révolutionnaires couraient le département et pillaient partout, arrêtaient partout, avilissaient tout ; les tribunaux révolutionnaires, les comités révolutionnaires proclamaient les tables de proscription et faisaient couler le sang ; le niveau féroce autant qu'absurde se promenait sur la France entière ; tout était en armes, tout était détruit ; la Révolution, qui aurait dû réformer la France et lui assurer des siècles de prospérité et de respect de la part des nations, était corrompue, détournée à jamais de son véritable but... Je gardai la mairie jusqu'en germinal an III (avril 1795) et je la quittai malgré le refus du représentant du peuple Guillemardet qui céda enfin à mes instances et au besoin urgent de ma santé ; je retournai pour quelques mois au bureau de conciliation, dans lequel je lui demandai une place » (1).

Après cette période troublée, Jean-Claude n'eut plus d'histoire : Dégoûté des fonctions publiques — on l'eût été à

(1) Voir à ce sujet : Registres des délibérations communales, notamment : 1791, 13 novembre ; 1793, 9 octobre ; an II, 6e jour, 1re décade, 2e mois ; id., 12e jour ; id., 18 ventôse ; an III, 27 ventôse, etc.

moins — il partage son temps entre sa chère agriculture et l'éducation de ses enfants. En 1804, il accepta cependant la mairie de Saint-Jean-aux-Amognes, et plus tard, de 1809 à 1819, un siège au Conseil général de la Nièvre. En 1812 et en 1819 notamment, il fut élu président de cette assemblée.

Jean-Claude Flamen d'Assigny mourut à Nevers le 25 juillet 1827, laissant deux fils, dont l'un fut le propre grand-père de Mme la Marquise de Faverges (née Flamen d'Assigny), la propriétaire actuelle du château et de la terre de Sury.

***

Moins spécialisé, sinon tout aussi versé dans les choses de la terre, tel nous apparaît le frère de Jean-Claude, Gilbert Flamen d'Assigny (1743-1819), tout à la fois soldat, ingénieur, diplomate et agriculteur...

De l'armée, Gilbert avait démissionné une première fois en 1792 après avoir collaboré, en sa qualité de lieutenant-colonel du génie attaché au comité des officiers généraux et supérieurs pour fixer l'emplacement de l'artillerie, au projet de transfert à Nevers de l'établissement d'Auxonne, « auquel on ajouterait une fonderie de canons » (1). Passé ensuite dans la « carrière » — ce qui ne l'empêche pas d'occuper immédiatement le haut poste de ministre de France en Bavière — il avait démissionné presque aussitôt (1792). De l'armée plus tard encore il avait démissionné, ayant été réintégré avec le grade de colonel-sous-gouverneur des pages de l'Empereur. De l'agriculture enfin nous ne savons s'il démissionna, après avoir exploité lui-même une ferme aux environs de Nevers (1795), mais nous ne pouvons oublier qu'il est l'auteur de lettres extrêmement intéressantes sur l'agriculture en Niver-

---

(1) Voir : Délibérations du Conseil général de la Nièvre (ext. de J. Avril, Nevers, Fay 1858, page 250 et suiv. — L'installation aux Carmes de Nevers de l'arsenal-fonderie de canons de bronze (établissements d'Auxonne), dont le transfert avait été décidé par la « Compagnie de la guerre », le 17 juillet 1791, fut tout à fait éphémère : le 17 messidor an IV l'établissement était supprimé et son matériel vendu en l'an V. D'autre part, en l'an II, une fonderie de canons de fer avait été installée par Noël Pointe dans l'ancien couvent des Capucins de Nevers ; cette fonderie fonctionna jusqu'en 1873, époque à laquelle elle fut transportée à Ruelle ; — les bâtiments ont été depuis transformés en magasin d'approvisionnement pour le 8e corps d'armée (renseignements dus à l'obligeance de M. le général Taverna).

nais (1) ; et parmi l'évocation des méthodes amoignonnes d'un autre âge, ce ne sera pas l'un des détails les moins piquants de rapprocher, le cas échéant, les données des deux frères, de citer au regard du Mémoire sur l'agriculture de Jean-Claude, les précisions savantes du colonel-diplomate — membre naturellement de la Société d'Agriculture de Nevers — sur la production laitière en Nivernais, l'emploi de l'ariau, la culture de l'orge, du trèfle, de la betterave « champêtre » ou du lupin.

***

Le canton de St-Sulpice et la région des Amognes

Au nombre de 49 cantons qui formèrent à l'origine le département de la Nièvre, figurait le canton, aujourd'hui disparu, de Saint-Sulpice-aux-Amognes. Ce canton de Saint-Sulpice, notre champ d'observation, était composé des communes de Bona, Huez, Lichy, Montigny, Saint-Firmin, Saint-Jean et Saint-Sulpice, et couvrait une superficie de 10.000 hectares environ (2), près de la moitié de la cuvette formée par la région naturelle qui s'appelle les Amognes (3). Quant aux autres communes des Amognes — ce détail est à noter, car une note en fin du Mémoire sur l'Agriculture prend soin de nous avertir que les faits rapportés s'appliquent « à la lettre » à toutes les communes des Amognes, — elles se trouvaient alors réparties entre les cantons, tous aujourd'hui également supprimés, de Guérigny (communes d'Ourouër et de Balleray), de Rouy (communes de Limon et de Saint-Benin-d'Azy), de Nevers *extra muros* (commune de La Fermeté).

Sans entrer dans le détail de la réduction par la suite (en 1801) à 25 des 49 cantons primitifs, et de la création à Saint-Benin-d'Azy d'un centre qui devint le chef-lieu d'un nouveau canton regroupé, nous dirons seulement que l'ancienne circonscription de Saint-Sulpice se trouva alors démembrée : Mon-

---

(1) Ces lettres de Gilbert d'Assigny — échangées avec le « citoyen Vilmorin-Andrieux, membre du Conseil de l'agriculture à Paris » — ont été publiées dans la *Feuille du Cultivateur* (année 1796).

(2) 10.103 hectares exactement, calculés d'après les superficies actuelles des communes formant l'ancien canton de Saint-Sulpice (renseignement relevé sur la statistique de l'année 1926, dressée par l'Office départemental agricole. Voir tableau page 24.

(3) Sur la région des Amognes, vid. *Société Nivernaise des Lettres, Sciences et Arts*, année 1913, p. 1 et suiv. (abbé Cachet).

tigny, Saint-Firmin, Saint-Jean et Saint-Sulpice furent rattachés à Saint-Benin-d'Azy ; les communes de Huez et de Lichy, supprimées, devinrent des hameaux de Bona qui fut attribué au canton de Saint-Saulge. Limon et La Fermeté passèrent de leur côté à Saint-Benin-d'Azy, tandis que Balleray et Ourouër devenaient communes du canton de Pougues.

***

Quoi qu'il en soit de l'arbitraire de toutes ces divisions territoriales, nous allons examiner sans plus tarder les conditions générales de ce milieu des Amognes — le sol, l'eau, le climat, — au point de vue plus spécial de l'agriculture : Le Mémoire de M. Flamen d'Assigny traite précisément de ce sujet dans ses trois premiers articles :

Du sol

« Le sol est argileux (1), partout le canton est sans aucun sable.

» Dans beaucoup de parties il est glaiseux, dans quelques-unes même, c'est de la véritable terre à briques.

» Cependant la terre argileuse propre au froment est la terre dominante ; il ne manque aux propriétaires et cultivateurs intelligents que l'argent, et à la masse vivant dans la routine et l'ignorance que le bon exemple des premiers qui sont en petit nombre. Il n'y a point de plaines dans le canton ; tout est monticules, terres en pente, les petites parties les plus plates sont pour les prés, et il y a peu de prés dans les Amognes.

» Le tiers de la commune de Saint-Jean et de celle de Saint-Firmin repose sur la pierre à chaux, un tiers à peu près sur la roche pure, une petite partie sur les cailloux, le reste sur le conroi, les meilleures terres sont à 2 ou 3 pieds de ces bases ; plus de la moitié n'en est qu'à 7 ou 8 pouces ; dans le surplus on trouve les cailloux, la roche, la pierre calcaire à 5, 4, 3 pouces et moins encore (2) (**2**) ».

---

(1) Argileux ou argilo-calcaire : ce dernier terme semblerait préférable, d'autant que quelques lignes plus bas, M. Flamen d'Assigny note la place assez importante tenue par la « pierre à chaux ».

(2) Les chiffres mentionnés en caractères gras en fin des citations empruntées au Mémoire de M. Flamen d'Assigny sont ceux de l'ordre adopté dans la rédaction du document original. — Voir la suite de ces articles page 45 (Pièce justificative).

Des eaux

« Une petite rivière nommée la Mantay est la seule de la commune de Saint-Sulpice et de la commune de Saint-Jean. La Mantay a deux sources dans la commune de Saint-Sulpice. Son cours, d'une lieue environ, fait touner sept roues de moulins à blé, puis elle se perd dans l'Izeure un peu au-dessous de Cougny ; dans son cours elle reçoit quelques ruisseaux sans conséquence. La Mantay elle-même manque souvent d'eau pendant l'été (**3**) ».

Du climat

« Le climat du canton est froid ; il est au moins de 15 jours en retard sur Nevers pour toutes les naissances et les maturités (**1**) ».

La culture

Des quelques généralités dont nous venons de donner lecture, une première impression se dégage : Nous nous trouvons dans une région éminemment propice à la culture du blé, et le nombre inusité de moulins échelonnés sur les 4 kilomètres de parcours d'une petite rivière laisse présager d'une fertilité remarquable ; mais ne nous empressons pas de tirer des conclusions trop hâtives : Certaines circonstances particulières déjà vaguement entrevues, sont de nature à modifier dans des proportions plus ou moins fâcheuses les résultats qu'on serait en droit d'escompter.

Reprenons donc le Mémoire sur l'Agriculture : M. Flamen d'Assigny va nous parler du morcellement de la propriété foncière, de la culture proprement dite, du rendement obtenu :

« Dans la commune de Saint-Jean, il n'y a pas de petits propriétaires cultivant eux-mêmes avec leurs chevaux ou avec leurs bœufs, le peu qu'on en trouve dans les autres communes du canton ne cultive pas la centième d'une des cent parties supposées à tout le canton.

» Toutes les petites propriétés cultivées par les bœufs des grands propriétaires ne montent pas pour tout le canton à un centième du total.

» Quant aux propriétaires qui cultivent par salariés une partie de leurs terres, je crois être vraiment le seul dans le canton. Je cultive par moi-même environ cent hectares de terre labourable, prés ou pâtureaux. Sur cette terre je tiens

12 bœufs, 2 taureaux de trois ans, 2 de deux ans, 3 veaux d'un an, 7 à 8 vaches, une jument poulinière et plus de 200 brebis ou moutons presque tous nés de pères espagnols.

» Je connais dans tout le canton 38 domaines dans les mains des métayers dont 23 dépendent de fermiers et 15 de propriétaires (5).

» Presque tous les baux aux fermiers et métayers sont de 3, 6 et 9 ans, quelques-uns de 6 à 9 ; un seul de 9 ans consécutifs. Presque généralement le fermage est en argent (6).

» Le plus grand nombre des domaines du canton sont à deux soles ou tournures, c'est-à-dire que la moitié à peu près des terres est semée cette année en froment ; l'autre moitié le sera l'année prochaine.

» Quelques-uns sont à trois soles ou tournures, c'est-à-dire un tiers semé cette année en froment, un tiers semé au printemps suivant presque tout en avoine et une petite partie en orge (l'orge réussit mal dans les Amognes).

» Dans les domaines à deux soles, on prend quelques petites parties de terre qui ont porté du froment l'année d'avant pour y faire un peu d'avoine, ou bien on rompt quelques vieux pâturages pour remplir cet objet. Il résulte que les jachères sont de moitié ou du tiers des terres.

» Voilà ce qui se fait partout dans le canton.

» Je ne connais que deux ou trois exceptions, et encore n'est-ce qu'une faible aurore d'un plus beau jour ; je pense que je suis la plus marquée de ces exceptions ; j'ai habituellement une luzerne d'un arpent ou deux ; je fais chaque année 6 à 8 hectares de trèfle, 5 ou 6 hectares de vesce d'hiver ou de printemps, après la récolte desquelles vesces en fourrage vert, je sème du froment la même année ; je plante chaque année environ un hectare de pommes de terre, après lesquelles je sème aussi du froment la même année ; enfin je dispose chaque automne deux petites pièces de seigle ou de vesce d'hiver pour servir aux agneaux pendant les deux ou trois mois qui se passent entre leur naissance et leur réunion au troupeau avec leur mère, etc... C'est trop parler de moi.

» On ne cultive qu'avec des bœufs dans le canton, on met généralement six bœufs sur chaque charrue et deux hommes — celui qui touche les bœufs et celui qui tient la charrue — aux trois labourages qui commencent et finissent la culture du froment pour chaque année. Chaque charrue fait par jour l'ouvrage suivant : 1er labourage : un peu moins d'un demi-hectare ; 2e labourage : environ 2/3 d'hectare ; 3e labourage : quelquefois 5/6 d'hectare (1). Au printemps chaque charrue laboure tout au plus un demi-hectare par jour et hersera huit hectares au plus en repassant deux fois sur la même terre.

» On ne connaît pas l'usage de la herse pour préparer la terre aux blés d'hiver ; on ne casse jamais les mottes trop fréquentes dans les terres glaiseuses qui même durcissent si facilement ; on laisse tout à la nature qui ne fait bien que quand on l'aide.

» Dans la bonne terre d'Amognes qui ne se tient pas longtemps en mottes, qui s'émiette au contraire par le froid et par les pluies venant sur les chaleurs, tous les froments s'enterrent à la charrue à petites rayes (2).

» Dans les glaises fortes, on forme des sillons plus ou moins larges ; on fait en outre des rayes d'eau pour l'écoulement, mais ces rayes se forment simplement à la charrue ; elles ne sont ni assez larges, ni assez profondes.

» Les orges et les avoines se font toujours sur un seul labour et s'enterrent à la herse.

» Il est extrêmement rare que l'on sarcle (3) deux fois chaque champ ; en général, la bonne terre d'Amognes, qui encore une fois ne forme pas plus du 1/3 du canton, pousse peu de mauvaises herbes dans les blés.

» Dans le canton, le plus grand nombre de domaines sème annuellement en froment chacun de 60 à 70 ou 74 quartellées (environ 40 à 48 arpents de 1.344 perches chacun ou 20 à 24 hectares) ; quelques-uns un peu moins, quelques-uns un peu plus ; il y a dans le canton deux domaines qui sèment chaque année en froment de 50 à 60 hectares, on sème en avoine du tiers à la moitié de ces quantités.

» On sème de l'orge mais très peu et il est toujours faible ou médiocre. Chaque domaine sème annuellement d'un 1/6 à

---

(1) Ces proportions nous semblent invraisemblables aujourd'hui ; une charrue de bœufs ne laboure guère plus de 30 ares par journée, au premier labourage, et une quarantaine d'ares à la deuxième façon. Le blé, d'autre part, se fait sur deux labours au maximum.

(2) C'est sans doute la méthode dite aujourd'hui écorchage.

(3) Quelle est la signification exacte de ce terme sarcler ? Il semble bien improbable qu'on eut pratiqué à cette époque la culture des blés sarclés.

1/5 d'hectare en chanvre, un 1/12 d'hectare en pommes de terre, un 1/24 ou un 1/30 d'hectare en haricots ou pois.

» On ne sème ni lin, ni blé de turquie (1) (7) ».

***

Interrompons un instant notre lecture pour répondre à une question qui se pose naturellement ici :

Quels étaient les instruments aratoires alors en usage dans les Amognes ? Ces instruments, semble-t-il, se résumaient à deux : la herse et la charrue.

1° La herse servait, comme nous venons de le voir, à enterrer les orges et les avoines, probablement aussi à ameublir les terres, car, nulle part dans le Mémoire, il n'est question du rouleau (2). La herse en tout cas était construite en bois et garnies de chevilles de bois. Disons entre parenthèses que l'apparition en Nivernais de la herse en fer et garnie de pointes de fer, dite herse de Picardie, est due au marquis de Pracomtal ; sans pouvoir fixer de date précise, l'introduction de cette herse nouvelle dut se faire aux environs de 1800-1810 (3).

2° Quant aux charrues, dans les Amognes, — et ici nous reproduisons les termes de M. Flamen d'Assigny, — elles sont « toutes à roues et à tourne-oreille ou versoir qui à chaque bout change de côté (10) ».

Un agriculteur, Messieurs, vous ferait remarquer qu'avec ce genre de charrue, — l'ancêtre de notre brabant double, — les Amognes labouraient surtout à plat et non en planches, pratique qui ne convient guère dans un sol glaiseux peu perméable à l'eau. Cette particularité qui s'explique peut-être par la déclivité naturelle du terrain, nous vaut en tout cas de ne

---

(1) Blé de Turquie : maïs.

(2) Connu ou inconnu alors dans la Nièvre, le rouleau ne semble pas avoir été d'un usage courant avant le milieu du XIXe siècle. La statistique agricole de 1814 : *Comité des Travaux historiques et scientifiques*, Rieder, Paris 1914 (Paul DESTRAY) parle bien d'un rouleau alors employé dans l'arrondissement de Cosne (cylindre de 6 à 7 pieds de long et d'un pied de diamètre, traîné par un cheval). D'autre part, le marquis de Chambray (*op. cit.*) note ce détail qu'en 1814, le rouleau était totalement inconnu dans la Nièvre.

(3) Statistique de 1814 (*op. cit.*).

pas trouver trace dans la région de l' « ariau », charrue très primitive, alors employée en Nivernais et qui n'est autre que l'araire des Romains. L'ariau évidemment ne donnait pas un travail parfait, tant s'en faut : elle n'était utilisable d'ailleurs que dans les terres légères, et la lenteur de sa marche elle-même, comme nous l'expose Gilbert d'Assigny avec preuves à l'appui, ne lui valait guère la faveur du cultivateur (1) ; mais cette charrue amognonne à roues et à oreille mobile était-elle beaucoup plus pratique : nous demeurons assez sceptiques, surtout après avoir lu dans le marquis de Chambray la description de la charrue à roues et à oreille mobile, utilisée au début du XIXe siècle dans les environs de Nevers, analogue vraisemblablement par conséquent à l'instrument alors en usage dans les Amognes :

« La charrue à avant-train, écrit cet auteur, avait un soc, long, pointu, presque conique, une oreille mobile composée d'une planche dont la surface était plane et qui formait un angle très aigu avec le soc : cette charrue était un véritable coin à fendre des terres, pauvres d'humus, infestées de mauvaises herbes et par conséquent très tenaces ; elle n'arrachait qu'un bien petit nombre de plantes nuisibles qui ont une racine pivotante telles que l'arête-bœuf, la bourrache, etc., elle les déplaçait seulement ; elle ne retournait point la terre, elle lui faisait tout au plus faire quartier, si je puis me servir de cette expression empruntée à l'art du maçon, mais qui rend bien ma pensée ».

Ce n'est pas à dire cependant qu'on ne connaissait pas alors en Nivernais de modèle de charrue plus perfectionnée ; le marquis de Pracomtal, l'innovateur de la herse de fer, cherchait également à généraliser l'emploi de la charrue braquée : les détails assez curieux qui vont suivre sur cette charrue braquée sont extraits de la « Statistique agricole de 1814 » :

« Un grand propriétaire, M. de Pracomtal, qui possède l'ancienne terre de Châtillon, est le premier qui s'en soit servi en grand et avec quelque succès. On est d'avis que le succès eût été complet si son système eût été basé sur l'économie qui convient à l'agriculteur, mais les chevaux (à l'exclusion des bœufs), les harnais, les domestiques, tout était trop cher ; et

(1) *Feuille du Cultivateur*, 3 septembre 1796, n° 51.

l'observateur qui se préparait à être imitateur a fait son calcul et a reconnu que le produit de la récolte ne pouvait couvrir les frais ».

⁂

Mais rentrons dans nos Amognes, et reprenons notre lecture du Mémoire sur l'agriculture :

Des engrais

« Généralement on conduit les fumiers, un peu plus tôt, un peu plus tard, avant de semer le froment.

» On ne fume jamais que pour le froment, encore les fumiers d'un domaine suffisent à peine pour fumer légèrement le dixième de la sole du froment (4 hectares sur 40).

» En général, le fumier est bien consommé, trop peut-être pour des terres fortement argileuses.

» On ne connaît, on n'emploie que les fumiers des animaux.

» L'effet du fumier dure trois ans.

» La quantité des fumiers est très petite dans chaque domaine parce que les bœufs ne gardent l'étable que cinq mois chaque année, les vaches deux ou trois mois quand les hivers sont doux, les juments presque jamais, les moutons n'ont presque point de litière.

» On ne connaît pas la marne, on ne connaît pas l'usage de la chaux, on ne fait jamais de mélange de terres et de fumiers ; on ne fait aucun usage du plâtre (1), on ne coupe et on n'arrache jamais l'étrouble ou le chaume des champs pour le convertir en fumier (**11**) ».

Du produit des récoltes

« Dans les bonnes terres, on recueille année commune 6 grains pour 1 ; dans les terres communes au plus 5 ; dans les mauvaises le grain 2, souvent moins, le tout semence comprise.

» L'orge du grain 5 au grain 7.

» L'avoine du grain 5 au grain 8 ou 9.

» On ne sème point ou presque point d'orge d'hiver.

» On ne fait point de seigle (**9**) ».

---

(1) Dans un autre article du Mémoire, M. Flamen d'Assigny note « qu'il n'y a point de plâtre dans le canton au grand dommage de l'agriculture (**21**) ».

Il ne nous appartient, Messieurs, à nous qui nous attachons surtout à la relation historique des faits, d'entrer ici dans divers considérants d'ordre technique ; quelques remarques cependant sont à faire :

C'est tout d'abord l'absence quasi totale de la culture des plantes sarclées. Ni maïs, ni lin, ni topinambours, pas de légumes fourragers, pas de betteraves non plus. D'autre part. à une exception près (M. Flamen d'Assigny), nous voyons qu'on ne plantait pour ainsi dire pas de pommes de terre dans les Amognes (on en sème, dit le Mémoire, 1/12 d'hectare par domaine, soit une boisselée dans le langage du pays). Sans doute, par la suite, cette dernière culture devait-elle prendre une grande extension, mais il faut reconnaître que ce fut beaucoup moins en exécution des décrets du Comité du Salut public qu'à la suite de la famine de 1812, « époque où la rareté des grains, nous dit la « Statistique de 1814 », ne permit guère à la classe du peuple de s'en procurer. C'est à dater de ce moment, ajoute la même statistique, que l'habitant de la campagne sentit la nécessité d'avoir toujours une ample moisson de ce farineux » (1).

Très peu de pommes de terre, encore moins de haricots ou de pois, pas de fèves du tout, de la viande extrêmement rarement sans aucun doute, on se demande dans ces conditions quelle pouvait être la nourriture du paysan des Amognes ? Du pain d'abord, un pain plus ou moins noir à la vérité, des bouillies ou galettes à base de farine, du laitage et du fromage, mais pas à profusion toutefois, car une vache laitière ne donnait guère plus de 4 à 5 litres par jour au grand maximum (2), par contre il y avait alors pas mal de chèvres, — des œufs sans doute aussi, quelques salaisons de porc peut-être, des fruits enfin, aussi mauvais pour la plupart que ceux des sau-

---

(1) Voici, à titre de comparaison, la culture pratiquée dans une ferme sise aux environs immédiats de Nevers (exploitée par le colonel Gilbert d'Assigny) : Dans cette ferme, dit-il d'abord qu'il va « reprendre en froment là où de temps immémorial on ne semait que du seigle », la répartition des cultures en 1796 est la suivante : 24 arpents d'avoine, 10 arpents d'orge et trèfle, 11 arpents de pommes de terre, 30 arpents de sarrasin, 1 arpent de betteraves champêtres, 3 arpents de lupin, 6 arpents de vesce, pois, fèves, lentilles et gesses, 2 arpents de raves.

Feuille du Cultivateur, n° 51 (*op. cit.*).

(2) Cf page 27.

vageons, nous dira plus loin M. Flamen d'Assigny ; quant à la boisson, les crus de la Mothe et du Mantelet sont fortement appréciés, en dépit de leur « qualité au-dessous du médiocre ». Il n'y en a même pas assez, ajoutera notre auteur, « pour la consommation des citoyens du canton ».

Décidément, ne manquera-t-on pas d'observer, ces braves Amoignons étaient vraiment bien arriérés ; aujourd'hui, grâce à Dieu, ces temps héroïques sont révolus, et puisqu'il est question d'agriculture, les rendements de la terre ont certainement été améliorés dans des proportions fort notables.

Voire.

Si nous nous plaçons, en effet, au seul point de vue du blé, la culture par excellence de l'ancienne province du Nivernais à telle enseigne que le terme « emblaver » s'est substitué dans le langage de nos campagnes à celui d'ensemencer, comment se présente la situation dans les Amognes ?

Il y a une bonne centaine d'années, il fallait, en raison de la préparation très défectueuse de la sole, 300 kilos de graines environ à l'hectare (1) ; comme le rendement se calculait alors au grain, 4 1/2 en moyenne (2), on récoltait par conséquent 1.350 kilos de blé à peu près à l'hectare.

De nos jours, avec un ensemencement réduit à 180 kilos environ à l'hectare, le rendement du blé qui se chiffre couramment dans le nord de notre département — dans le Cosnois ou le Donziais par exemple — à 28 ou 30 quintaux, oscille dans les Amognes entre 1.200 et 1.500 kilos (3). Si nous prenons une moyenne, cela fait exactement, tout comme anciennement, 1.350 kilos.

D'où il ressort clairement que la seule amélioration obtenue jusqu'ici pour la culture du blé dans les Amognes, se réduit à la simple diminution de la formule d'ensemencement, la quan-

---

(1) « Dans l'arrondissement de Nevers (dans les Amognes par conséquent), on sème à l'hectare 20 double-décalitres de froment et de seigle, 25 d'orge et 30 d'avoine » (statistique agricole de 1814). Le double-décalitre pèse 15 kilos environ.

(2) Ce chiffre, qui ressort des données ou Mémoire de M. Flamen d'Assigny, est très exactement celui qui est indiqué pour les Amognes par la statistique de 1814.

(3) En 1926 — mauvaise année il est vrai — ces chiffres ne furent même pas obtenus (voir statistique agricole de 1926, communiquée par l'Office agricole départemental de la Nièvre, page 24.

tité récoltée sur un hectare demeurant sensiblement la même qu'il y a cent ans, et cela en dépit de la diffusion du progrès sous toutes ses formes : outillage perfectionné, création des engrais chimiques, graines sélectionnées, etc. (1). Dès lors, puisque le manque d'argent, cette plaie si souvent signalée par M. Flamen d'Assigny, ne peut plus être invoquée aujourd'hui en raison des bénéfices réalisés dans l'élevage, certaines conclusions s'imposent qui ne manqueront pas d'apparaître excessivement brutales, d'autant plus brutales même que dans le calcul de la moyenne générale de la région, entrent naturellement en ligne de compte les rapports de telle ou telle exploitation particulière, dans laquelle les soins de la culture, ne le cédant en rien à ceux de l'élevage, la production du blé dépasse couramment de ce fait les 25 quintaux à l'hectare. Et cependant, si nous examinons les choses de plus près, nous voyons déjà, pour la commune de Saint-Jean par exemple, un rendement local très nettement supérieur à celui des communes voisines : preuve évidente de l'influence bienfaisante de quelques initiatives privées, constatation pleine de promesses surtout, qui nous permet d'entrevoir les premiers signes d'une évolution prochaine de la culture dans toute la région des Amognes.

Prés

On sera curieux de connaître, aujourd'hui surtout où, par suite du développement intensif de l'élevage dans les Amognes, les statistiques nous montrant les herbages proprement dits

---

(1) D'après le Mémoire de M. Flamen d'Assigny, la surface annuellement emblavée en froment, dans le canton de Saint-Sulpice, ressort à un peu plus d'un millier d'hectares (2 domaines à 55 hectares, 36 domaines à 22 hectares, une cinquantaine d'hectares environ semés chaque année en blé dans les petites propriétés, plus la part de la régie personnelle de M. Flamen d'Assigny).

En 1926, sur la commune de l'ancien canton de Saint-Sulpice, la superficie emblavée en froment se monte à 832 hectares (voir tableau communiqué par l'Office départemental agricole), il ressort donc qu'en 1926, par rapport à la fin du XVIIIe siècle, la *diminution* de la production du blé dans les limites de l'ancien canton de Saint-Sulpice, se traduit par le chiffre respectable de 2.268 quintaux (production de 168 hectares à 1.350 kilos), ce qui fait une diminution de plus de 4.500 quintaux pour la seule région des Amognes, puisque le canton de Saint-Sulpice couvrait à peu près la moitié de la superficie des Amognes.

(c'est-à-dire exclusion faite de toutes les prairies temporaires), couvrant près du double de la superficie emblavée en céréales (blé, orge, avoine), quelle était jadis la part de l'herbe.

Déjà, nous le savons, il n'y avait que « peu de prés dans les Amognes », ces prés se trouvant « situés dans les petites parties les plus plates ». C'était d'ailleurs presque uniquement du pré naturel, le cultivateur témoignant d'une antipathie évidente pour le trèfle et le sainfoin ; sans doute « les prés ambulants de vesce » l'intéressent davantage, mais de la luzerne, il ne sera question et seulement d'un arpent ou deux, que dans la seule réserve personnelle de M. Flamen d'Assigny : Il ne faut donc pas s'attendre à trouver sur les prés de bien grands détails dans le Mémoire sur l'agriculture :

Des prés naturels

« Sans connaître l'art des arrosements, on arrose partout

STATISTIQUE AGRICOLE DE 1926 (Nièvre), (communiquée par l'Office départemental agricole)

	St-Sulpice	Bona (Huez-Lichy)	Montigny	St-Firmin	St-Jean
Terres labourables	819	446	676	390	872
Prés et pâtures..	581	971	261	352	616
Vignes	20	25	3	10	8
Bois	868	751	1.475	210	199
Divers	284	131	8	79	48
Superficie totale 10.103 hectares .	2.572	2.324	2.423	1.041	1.743
Blé	315	217	114	72	214
Orge	30 } 490	23 } 344	12 } 206	14 } 140	45 } 391
Avoine	145	104	80	54	132
Rendement moyen en blé . .	9 qx		7 qx 1/2	10 qx	18 qx

dans le canton, mais tant bien que mal : la routine préside à cette partie comme à tout le reste : c'est pour cette raison que, ne connaissant pas l'importance de retirer les eaux à temps, les racines des herbes furent gelées dans beaucoup de prés bas dans l'hiver de l'an VII dans ma commune et dans d'autres communes du canton.

» Jamais on ne fume les prés dans mon canton.

» Jamais on ne rajeunit les prés en les tenant en labourage pendant quelques années ; on n'en a pas assez et on ne connaît pas le moyen d'y suppléer (**13**) ».

Des prés artificiels

« Les prés artificiels ou trèfle sont regardés comme dangereux parce qu'il y a eu un accident (chez moi) ; on regarde avec plus de complaisance les prés ambulants de vesces, mais il n'y a pas encore d'imitateurs de deux ou trois exemples qui existent. Le sainfoin occupe trop longtemps la terre pour plaire à nos cultivateurs qui veulent toujours faire du blé à tout prix ; cependant quelques petits propriétaires font du sainfoin avec succès, mais encore ce petit nombre est en petite quantité (**14**).

» Tous ces prés d'ailleurs semblent pourvus de clôtures, mais de quelles clôtures.

» Tout le canton est clos, mais mal clos par le ravage continuel des chèvres et autres animaux mal gardés (**4**).

Le bétail

De tout ce qui vient d'être dit, on gardera peu d'illusions sans doute sur le sort réservé au bétail dans le pays des Amognes, et cependant quelle source de bénéfices, un élevage rationnel de la nouvelle race de bovidés qui venait d'apparaître en Nivernais n'aurait-il pas procuré dès cette époque à un cultivateur avisé ? Sans retracer l'historique de la question — pour lequel nous renvoyons à l'excellent travail du comte Maxence de Damas (1) — il n'est peut-être pas inutile de rap-

(1) Maxence DE DAMAS D'ANLEZY, *En Nivernais*, Mazeron, Nevers S. D.

peler que c'est dans les environs immédiats des Amognes, à Anlezy pour préciser, qu'avaient été introduits en 1773, par Claude Mathieu, les premiers bœufs charolais ; dans l'entourage de Claude Mathieu, son initiative hardie avait été immédiatement suivie ; l'aspect de la terre d'Anlezy se transformait en peu de temps, et bientôt, écrit Chamard : « à la place de terrains dont la culture dispendieuse ne laissait aux détenteurs qu'un bénéfice illusoire, on vit s'étendre d'immenses prairies couvertes de bêtes blanches ». Rappellerons-nous encore ici qu'un veau de deux mois, issu de la célèbre vache la *Pécheresse,* de la nouvelle race, trouvait alors acquéreur, pour la somme, énorme pour l'époque, de 1.000 francs ?

Mais la routine, le manque d'argent, l'ignorance, comme l'écrivait en tête de son Mémoire M. Flamen d'Assigny, régnaient en maîtres au pays des Amognes : cette branche de l'élevage dans laquelle la région s'est assuré de nos jours une renommée fort enviable, était alors totalement inconnue : les prés et les pâturages, nous l'avons dit, n'existaient pas ou pour ainsi dire pas. Bien mieux, le croira-t-on aujourd'hui, les bœufs alors si répandus dans la contrée pour tous les travaux de la terre, constituaient, lors de leur revente, une source de perte pour le propriétaire.

Reprenons donc le Mémoire sur l'agriculture et voyons successivement comment le cultivateur amoignon s'occupait de ses bœufs et de ses vaches, de ses chevaux, de ses moutons ; notons seulement de suite ce détail : la seule amélioration apportée par le grand cataclysme de la Révolution dans le traitement de tous ces animaux se réduisit — ce qui est peu à vrai dire — à l'attribution d'une pierre de sel.

« Les laboureurs, écrit M. Flamen d'Assigny, donnent un peu de sel à tous leurs bestiaux depuis qu'il n'est pas cher, et ils s'en trouvent bien **(27)** ».

Bœufs et vaches

« Dans toutes les communes des Amognes, écrit donc M. Flamen d'Assigny, le foin est rare et les prairies artificielles nulles ; pour peu que l'hiver soit long ou que les récoltes aient manqué, il n'y a plus ni paille, ni foin au commencement d'avril, souvent au 20 mars. Alors on conduit dans les bois, éloignés de plus d'une lieue pour le plus grand nombre des domaines, les bœufs et les vaches et on les y garde jusqu'à ce que l'herbe ait poussé dans les pâtureaux pour les bœufs et dans les jachères ou les rues pour les vaches ; quelqu'éloignés que soient les bois, on ramène le soir les vaches laitières pour les traire et un petit garçon les remène au bois le lendemain de grand matin. Quand tous ces animaux quittent les bois, ils sont très maigres, souvent même ils reviennent très échauffés par le brou dont ils ont vécu.

» Durant la résidence aux bois, les travaux sont suspendus, et une fois qu'ils reprennent le joug, les bœufs, toujours excédés de travail, toujours très faiblement nourris dans des pâtureaux très pauvres d'herbe, ne connaissent de véritable soulagement que lorsqu'au commencement de vendémiaire (c'est-à-dire septembre-octobre) on les met dans les regains des prés qu'on laisse toujours pour eux et où ils vivent jusqu'à la saison de les établer.

» Les vaches, qui ont toujours connu les jachères ou les étroubles après la moisson ou les pâtureaux des bœufs quand ceux-ci n'ont plus rien à y manger, arrivent aussi dans les prés après les bœufs (1)**(27)**.

» Les vaches sont petites, ceux de leurs veaux qu'on élève font de très petits bœufs qui ne donnent pas assez de force aux charrues dans les terres difficiles ; tous les bœufs de taille viennent de l'étranger ; on les garde trop de temps ; on les vend vieux, maigres et à beaucoup de perte (**25**) ».

Ajouterons-nous une autre cause d'immobilisation des bœufs de culture :

« On ne ferre point les bœufs dans les Amognes, écrit M. Flamen d'Assigny, cependant, ce serait une pratique de conservation et une assurance de pouvoir travailler quand les bœufs ont fait pendant seulement un jour quelques voitures éloignées ; au contraire, faute de fers, les pierres les fatiguent, leur blessent les pieds, et il est très rare qu'une charrue ne soit plusieurs jours oisive quand les bœufs ont voituré un seul jour quelque chose ; souvent même il y a des bœufs sur la litière pour une décade ou plus (**29**) ».

---

(1) Un semblable régime explique aisément la petite production laitière : Une vache nivernaise donnait alors cinq litres de lait au grand maximum (voir à ce sujet *Feuille du Cultivateur*, 3 septembre 1796, n° 51 (*op. cit.*) (extrait de la lettre de Gilbert d'Assigny).

Chevaux

Il y a 70 ou 80 ans — nous apprend M. Achille Naudin dans son travail sur « l'industrie de l'élevage dans la Nièvre » (1) — la race chevaline nivernaise était de petite taille, mais ample de formes et très endurante ; elle était à peu près de tous poils; il faudra attendre, comme vous le savez, jusqu'en 1870 environ pour voir se développer, grâce à MM. de Bouillé et Signoret, une race nivernaise autonome : le cheval à robe noire, que nous trouvons aujourd'hui (2).

De petite taille, de tous poils et très endurants, telles sont bien en effet les caractéristiques des rares, nous pouvons même écrire des très rares spécimens de la race chevaline que le Mémoire sur l'agriculture va nous montrer dans les Amognes.

Les labours, comme nous l'avons vu, se faisant toujours avec des bœufs et jamais avec des chevaux, ces derniers n'étaient guère répandus : dans son exploitation personnelle, M. Flamen d'Assigny n'avait qu'une seule jument poulinière ; « dans chacun des domaines du canton de Saint-Sulpice, nous dit d'autre part part notre auteur, il y a une jument ou deux, elles sont petites ; le premier poulain venu en fait le service et ces productions, toutes médiocres ou misérables, sont vendues à 18 mois ou à 2 ans aux foires voisines (**25**) ».

Cette dégénérescence de la race chevaline, que nos rensei-

---

(1) Paris, librairie de Droit 1916.

(2) Antérieurement à MM. de Bouillé et Signoret, diverses tentatives d'amélioration de la race, par l'introduction des percherons notamment, avaient eu lieu. Dans son numéro d'avril 1851, la *Revue populaire illustrée* : « La Fabrique, la Ferme et l'Atelier » donne les renseignements suivants sur l'évolution des races en Nivernais : « L'ancienne race de ce pays, qui était une petite race indestructible, a été abandonnée ; les Morvandais ont fait place à des Comtois, puis à des Percherons qui ont donné de parfaits résultats. Mais le dépôt d'étalons anglais n'a pas du tout réussi, on est revenu aux Percherons.

» Pendant un certain temps, il y eut dans la Nièvre un capitaine chargé des remontes nommé Legendre, très bon connaisseur, d'une grande loyauté, qui était parvenu par son influence à créer une race à deux fins, très bonne pour la cavalerie. Comme il achetait bien, les éleveurs faisaient venir de tous côtés, même des Pyrénées, des poulains de 20 à 30 mois et les gardaient à l'herbage jusqu'à 4 ou 5 ans, âge auquel ils les vendaient.

» Le capitaine Legendre fut remplacé, les achats cessèrent et la race légère disparut ».

gnements nous portent à croire comme s'étendant bien au delà de la région des Amognes, n'avait pas été sans émouvoir déjà quelques spécialistes avertis : En 1783, par exemple, l'inspecteur général du haras du Nivernais, M. de Soultrait, avait proposé à la suite de son rapport une manière de sélection, si l'on peut dire, de tous les mauvais produits, par la création des mulets ; mais encore fallait-il des ânes et c'était là précisément ce qui manquait. « Il n'y a dans tout le Nivernais, écrit M. de Soultrait, qu'un seul baudet, de taille très médiocre, que M. le comte de Berthier a établi dans sa terre de Bizy, il serait à désirer qu'il y en eut un grand nombre pour occuper les mauvaises juments qui ne sont pas de taille et de conformation à être annexées aux étalons (1) ».

Mais revenons à nos Amognes, et essayons de montrer la manière dont le paysan concevait alors l'élevage de la race chevaline :

« Les juments — écrit donc M. Flamen d'Assigny — ont toujours vécu comme les vaches ». Or, vous venez de voir comment vivaient les vaches.

« Elles ont toujours couru les jachères ou les étroubles après la moisson ou les pâtureaux des bœufs quand ceux-ci n'ont plus rien à y manger, et elles arrivent aussi dans les prés après les bœufs... »

Quoi qu'on puisse penser de ces pratiques pour le moins singulières, le Mémoire sur l'agriculture nous montre que les juments étaient encore moins bien soignées, si l'on peut dire, que les vaches.

» On ne les met jamais à l'écurie, non plus que les jeunes poulains ou poulines, toutes courent par tout champ en jachère, prés, pâtureaux ; seulement les plus soigneux les mettent à l'écurie pour la nuit et leur donnent un peu de paille, le plus grand nombre leur donne, quand il y a de la neige sur la terre, seulement un peu de paille sous les porches des granges où elles viennent exactement chercher cette nourriture.

» Il faut convenir que cette vie sauvage endurcit ces animaux ; le loup seulement fait de temps en temps quelques ravages, mais le laboureur s'en console facilement et ne change rien à cet usage **(27)** ».

---

(1) Le rapport de M. de Soultrait a été publié *in extenso* par P. Destray (*Mémoires* de la Société Académique, tome XVIII, p. 76).

Bêtes à laine

C'est le voyageur anglais, Arthur Young, doublé d'ailleurs d'un savant agronome, qui, visitant la France à la veille de la Révolution et faisant la description des régions qu'il avait traversées, écrivait ceci :

« Quant au Nivernais, je ne m'y arrêterai point ; c'est un pays même pas bon pour les moutons ».

Les principes d'élevage du paysan amoignon à l'égard des bêtes à cornes et des chevaux nous laissent tout naturellement assez perplexes sur les soins qu'il va donner au pauvre mouton. animal délicat entre tous, et cependant alors très répandu dans les Amognes.

Mais laissons la parole à M. Flamen d'Assigny :

« Dans chaque domaine, les moutons, les bêtes à laine sont encore des animaux les plus mal soignés.

» Ordinairement, il n'y a pas plus de 60 têtes, souvent un tiers de moins dans chaque domaine.

» Une brebis de 4 ou 5 ans ne pèse guère plus de 12 livres, morte et vidée. La toison lavée sur le corps de l'animal pèse rarement 3/4 de livre ou 12 onces (1). Cette laine se vend de 12 à 14 francs la livre, et ce prix même est très haut (2) ; il prouve non pas la bonté de la laine, mais le besoin qu'en ont les habitants de la campagne pour leurs vêtements.

» Les troupeaux sont blancs et noirs, la laine fait des étoffes qui n'ont pas besoin de teinture, et ils n'en portent pas de plus belles.

» Tous les âges, tous les sexes sont toujours ensemble, on conserve les plus beaux béliers et on coupe les autres.

» Toutes les bêtes à laine vivent toute l'année de l'herbe des champs, des chaumes et des rues, et tout cela est bien peu de chose dans un pays peu herbeux ; l'hiver, quand la neige

---

(1) Une brebis donne aujourd'hui 5 livres de laine, les brebis dont parle M. Flamen d'Assigny devaient être de la famille dite « Poil de chien ».

(2) Ce prix est en effet exorbitant ; avant la guerre la laine valait 1 fr. 25 la livre ; elle vaut aujourd'hui une quinzaine de francs papier la livre. A noter que la livre-poids de marc de Paris — en usage dans la Nièvre au temps de M. Flamen d'Assigny — pesait exactement 490 grammes (Soulaces et Suard, *Manuel métrique contenant toutes les anciennes mesures de la localité usitées dans le département de la Nièvre,* Nevers, Delaveau, S. D).

couvre la terre, on donne de la paille dans la bergerie, et on en donne peu.

» Si une brebis qui a agnelé ou qui est malade reste à la bergerie, on lui donne un peu de foin ; on ne donne rien si elles peuvent suivre le troupeau.

» Les agneaux n'ont jamais que le lait de leurs mères ; ils vont aux champs avec elles deux ou trois jours après leur naissance(**25**) ».

Si l'on ajoute à cela l'effroyable mortalité qui sévissait sur les vieilles brebis et sur les agneaux — nous en reparlerons un peu plus loin à propos des maladies des animaux — on conçoit que le sort de la bête à laine n'était guère enviable à cette époque dans les Amognes, et pourtant, quel admirable parti un éleveur averti n'aurait-il pas tiré déjà de cette branche particulière de l'élevage.

M. Flamen d'Assigny s'était pénétré de cette vérité bien avant la lettre, et c'est à lui que nous donnerons à nouveau la parole :

« Je crois être le seul dans le canton un peu plus sérieusement occupé des bêtes à laine et de leur amélioration.

» En vendémiaire an VI (septembre-octobre 1797), j'ai commencé avec 60 brebis du cy-devant Berry, de l'espèce appelée Brionnes, dont la laine n'est pas tout à fait sans honneur auprès de la laine d'Espagne ; ces brebis sont petites, mais elles sont bonnes laitières et elles donnent chaque année environ 3 livres de laine grasse (ou en suint), quelquefois plus ; elles finissent par engraisser facilement et par donner une chair excellente.

» J'ai marié mes soixante brionnes à deux beaux béliers de race espagnole achetés chez le citoyen La Merville, dans le département du Cher.

» En prairial an VII (mai-juin 1799), j'ai acheté à Rambouillet un nouveau bélier et deux brebis, race d'Espagne.

» En brumaire an IX (octobre-novembre 1800), j'ai ôté mes Brionnes au nombre de 58, j'avais vendu 17 moutons en nivôse précédent, j'ai cédé à quelques voisins 8 béliers métis et j'ai hiverné cette année 210 bêtes, total 293

» Je n'ai acheté depuis l'an VI que................ 65

» J'ai donc eu de mon croît depuis l'an VI.......... 228

» En outre, j'ai perdu de la maladie...... 8

et j'en ai mangé 10

Total 18

» Les agneaux de l'année montent jusqu'à aujourd'hui (1er ventôse an IX) à 52, et j'en aurai encore 22, total.... 77

Total de mon croît 305

» Le seul fait que je cherche à prouver, c'est qu'en trois ans voilà un troupeau assez bien établi ; il est composé tout entier de métis du 1er et du 2e degré ; dans deux ans, les métis du 1er degré seront ôtés ; dans quatre ans, ceux du 2e degré le seront ; dans cinq ou six ans, tout sera au 4e degré, terme de la perfection ; ainsi donc, en trois ans, en commençant avec d'aussi petits éléments, j'aurai un troupeau de 300 bêtes au moins tout à fait pures ; chemin faisant, j'aurai vendu plus de 600 bêtes de différents métis du 1er, 2e et 3e degrés, sans compter les premières mères achetées dans le cy-devant Berry que j'ai déjà vendues ou ôtées ; chemin faisant j'aurai pareillement vendu plus de quatre milliers de laine, et le fumier ainsi que le parc auront amélioré au moins 30 hectares de terre **(26)** ».

Quelques pages auparavant, à propos des engrais, le Mémoire sur l'agriculture donne quelques détails suggestifs sur l'emploi judicieux de ce parc.

« La pratique du parc, écrit M. Flamen d'Assigny, est inconnue dans les Amognes ; je suis peut-être le seul qui y ai parqué depuis que les moutons sont connus dans le pays ou depuis la conquête des Francs, mais il n'y a encore que trois ans que j'ai à moi seul un troupeau de moutons ; je ne parque que depuis le commencement de juin jusqu'à la Saint-Martin au plus.

» L'an VIII (1800), avec 173 bêtes à laine, j'ai parqué une boisselée, mesure de Nevers, en six nuits, ce qui fait un hectare en soixante-douze nuits ; je crois qu'il faut aller aussi lentement sur nos terres froides et maigres.

» Quant au succès, la première année, il a été très satisfaisant ; la deuxième année (an VII), mon froment parqué souffrit beaucoup de l'hiver ; il était dans une terre humide ; la troisième année (c'est la dernière, l'an 8), l'effet du parc sur le haut d'un champ très en pente a été fort grand ; pas un épi de versé quoique le froment y fut plus beau qu'il n'était dans le bas du même champ où, sans parc et sans fumier, il était considérablement versé (**12**) ».

Il ne sera pas sans intérêt de rapporter en terminant cet aperçu sur les bêtes à laine, les conceptions personnelles sur l'élevage du mouton mises en pratique par M. Flamen d'Assigny : « Mon troupeau parque depuis les premiers jours de prairial jusqu'au 15 de brumaire ; chaque année je prépare un supplément de nourriture pour l'hiver et le premier printemps. A la bergerie, on consomme les pailles de toute espèce ; sur la fin de l'hiver, on y mêle du foin ; on donne le foin pur, un peu de son, un peu d'avoine pour les nourrices ; quelques feuillages secs, un peu de foin fin, un peu de son sec pour les agneaux ; de l'eau dans la bergerie d'agnèlement pour les mères et les agneaux ; du sel pour tous toute l'année dans les temps pluvieux ou nébuleux ; litière sans cesse et sans épargne ; une grande bergerie (cy-devant grange) de plus de 24 pieds de hauteur, rien du tout, aucun fourrage entre les bêtes à laine et le combre, une petite cour de communication par une porte toujours ouverte ; deux autres bergeries pour les mères et les agneaux, l'autre pour les malades ; voilà le régime, celui du pays est opposé en tout (**26**) ».

C'est à dessein, Messieurs, que nous n'avons voulu couper d'aucun commentaire ce traité véritablement remarquable de l'élevage des bêtes à laine. S'il est reconnu aujourd'hui — comme plus conforme aux intérêts particuliers — de céder au commerce de l'alimentation les agneaux en bas âge (agneaux blancs dits fruitiers à 5 mois (30 kilos) et jeunes agneaux à 8 ou 10 mois (40 à 45 kilos) et de ne conserver que les mères ou les agnelles de remplacement, les principes énoncés par M. Flamen d'Assigny n'en demeurent pas moins, à près de 150 ans de distance, ceux qui sont encore exactement suivis par les grands éleveurs des Amognes, et vous savez les succès remportés par ceux-ci chaque année au Concours général de Paris avec leurs lots de Southdown. Dans l'histoire de la race Nivernais-Charolaise, l'autre lauréate ordinaire de ce même concours, on a fait une place spéciale aux noms des précurseurs : Claude et Antoine Mathieu, Antoine Comte, Jean-Baptiste Ducret, etc. Pourquoi, en oviculture, le nom de Jean-Claude Flamen d'Assigny est-il tombé dans l'oubli ?

Porcs

Un Nivernais illustre entre tous, le grand maréchal de Vauban, auteur de maints traités de fortification et aussi de la dîme royale, écrivit également certain jour quelques pages moins connues — nous le reconnaissons volontiers — sous ce titre plutôt inattendu : « De la cochonnerie ». Ces pages, qu'il vous sera loisible de lire ou de relire dans les « Oisivetés », établissent par des calculs aussi clairs que possible le « cas merveilleux » — ce sont les expressions mêmes employées — de la production d'une truie pendant dix années de temps. En fin de compte, vous constaterez que la production d'une seule truie pendant ce laps de temps de 10 ans se monte pour le moins à 6.434.874 sujets, chiffre qu'il convient d'ailleurs de réduire — ajoute l'auteur — à 6 millions en chiffres ronds « pour les accidents des maladies et la part des loups ». Ce n'est pas à nous, certes, de discuter les conclusions fort inattendues de cette « cochonnerie » dont l'influence fut décisive, peut-être, sur le développement de la race porcine dans toute une partie de notre province (1). Dans les Amognes, en tout cas, M. Flamen d'Assigny n'a noté rien de tel :

« On n'engraisse rien dans les Amognes, nous dit-il, excepté les cochons quand il y a des glands aux chênes ; sur cet article, dans les années de bonne glandée, il se fait dans le pays quelques affaires importantes en masse, car pour chaque fermier ou chaque laboureur, ce soit assez peu de chose faute d'argent (**28**) ».

Pour clore cette revue des animaux, nous dirons un mot seulement des chèvres, cet animal que, à plusieurs reprises, M. Flamen d'Assigny couvre de toutes ses malédictions pour « leurs ravages continuels dans les clôtures (**4**) ». Par simple déduction, nous en conclurons que la chèvre était alors assez répandue dans les Amognes...

Des maladies des animaux

La conséquence évidente et normale d'un pareil état de chose pour tous les animaux sans exception, on l'a déjà deviné, c'est une mortalité effroyable. Avec sa routine coutumière, le paysan prenait parti de son sort, et il était bien

---

(1) Dans le Bazois, voisin des Amognes au contraire, « le profit le plus essentiel des biens de campagne du Nivernais consiste dans la vente des porcs. C'est le revenu le plus assuré et même, en quelque façon, le seul qui puisse assurer le paiement des impositions, les grains que l'on recueille dans le Bazois ne suffisant pas pour la nourriture des métayers ». Arch. de la Nièvre I. F. 123 (Requête de Guillaume de Noury contre la marquise de Béthune, dame de Châtillon-en-Bazois, en maintenue des droits d'usage dans les bois (début du XVIIIe siècle).

rare qu'il recourût aux bons soins de l'artiste — entendez le vétérinaire, — une profession bien peu encombrée du reste à cette époque.

« On remarque, nous dit M. Flamen d'Assigny, que les maladies qui font périr dans une année plus d'une pièce ou deux par domaine, frappent presque toujours ceux où les animaux (bœufs et vaches surtout) ont été envoyés ou sont restés le plus longtemps au bois. Dans ces domaines, il n'est pas rare que dans l'automne ou dans l'hiver il ne se développe des maladies qui tourmentent une grande partie des bêtes à cornes, qu'elles deviennent même des épizooties qui ne cessent qu'après beaucoup de victimes.

» Je n'ai jamais ouï dire que la cécité sur les chevaux fût plus commune dans les Amognes qu'ailleurs dans le département.

» A l'égard des bêtes à laine, tous les ans, il y a de grandes mortalités parmi les vieilles brebis et les agneaux, mais ces animaux sont trop mal soignés pour y prospérer : malgré les terres fortes et les mauvais chemins, il faut que l'air et l'herbe y soient de bonne qualité pour qu'on n'en perde pas davantage.

» Il n'y a point d'artistes vétérinaires dans ma commune ni dans celles de mon voisinage ; quelques citoyens de la campagne, des laboureurs, ont quelqu'expérience, mais c'est avec tant d'ignorance que très souvent ils se méprennent. Quand le mal devient sérieux, ceux qui craignent leur aveugle routine ont recours à Nevers, mais la rareté des artistes à Nevers alarme souvent le propriétaire et cause des pertes (**31**) ».

Produits divers

Ayant eu déjà à noter au passage pas mal de ces divers, nous n'examinerons rapidement ici que les produits énoncés au Mémoire de l'agriculture et non encore en revue dans le cadre de cette étude. Sur le vin, sur les fruits, sur le miel par exemple, M. Flamen d'Assigny va nous donner une foule de renseignements :

Des vignes et des vins

« Peu de vignes dans le canton, excepté au village de la Mothe, commune de Saint-Sulpice. Le vin blanc y est passable en quelques autres endroits de la même commune, au village de Mantelay (commune de Saint-Firmin) et en quelques petits clos encore. Partout les vins médiocres, même au-dessous du médiocre, mais ils se vendent fort bien ; cependant il n'y en a pas assez pour la consommation des citoyens du canton : le vin est là aussi cher qu'à Nevers et les tonneaux y contiennent 40 à 30 pintes de moins (1).

» Dans le canton on est content quand un hectare de vigne produit 12 tonneaux de 200 à 220 pintes chacun, mesure de Nevers ou de Paris.

» On ne fait aucune eau-de-vie dans le canton.

» On connaît peu la pratique d'améliorer les ceps par l'ente.

» Tous les ceps sont attachés à des échalas, presque tous de chêne, quelques-uns sont en saule.

» Les tonneaux, les cercles sont de bois du pays ou des cantons voisins. En général, les vignes sont assez bien cultivées, amendées par les terrés et soigneusement renouvelées par les provins (**15**) ».

Des vergers et des jardins

« Les fermiers et les métayers ne plantent rien et n'entretiennent rien. Les petits propriétaires ont tous quelques arbres greffés de leur main, mais les fruits chéris de l'homme des champs sont presque aussi mauvais que ceux des sauvageons ; ils tiennent à ces pauvres fruits avec entêtement ; les prunes à pruneaux, les Sainte-Catherine seulement sont à excepter, ils en ont, mais ils ont aussi beaucoup de mauvaises prunes (**34**) ».

Abeilles

« Dans un domaine, il y a très souvent plus de 4, 5 et 6 ruches. Les propriétaires en ont quelquefois davantage, mais ils font cela sans être imités : on ne donne rien à manger aux abeilles ; aussi l'hiver des établissements entiers sont-ils frappés à mort (**30**) ».

L'industrie

Dans un milieu négligent, aussi routinier et partant aussi misérable, on se demande bien quelle part peut être réservée à l'industrie : celle-ci existe cependant, ce qui n'est pas à dire qu'elle prospère : par suite de la présence du minerai de fer,

(1) La pinte de Paris, en usage dans la Nièvre, équivaut à 93 centilitres (SOULAGES et SUARD, *op. cit.*).

voici les forges et fourneaux de Meulot, d'Azy, de Valotte, de la Gueurre, de Cigogne ; à défaut de charbon de terre « qu'on ne connaît pas dans le canton (**19**) », on chauffe au bois, mais, le croirait-on, le prix du bois est trop élevé pour qu'à Sury, par exemple, les fours à chaux, à tuile ou à brique, puissent assurer une production considérable ; dans les fourneaux, on coule seulement « des contrefeux de cheminée » et la production des forges se trouve limitée aux « instruments aratoires les plus communs », ce qui n'empêche pas le cultivateur de considérer déjà à regret toute cette main-d'œuvre qui lui échappe (1). Dans les campagnes, d'autre part, on taille le chanvre, on file la laine, on tisse, avec le matériel le plus archaïque qui soit, de solides étoffes de chanvre ou de fil et laine mélangés. C'était le temps de la bonne toile écrue et du « poulangis » de fameuse mémoire, bien vieux souvenirs supplantés aujourd'hui par toutes les fantaisies de la mode actuelle :

« Dans le canton de Saint-Sulpice, lisons-nous dans le Mémoire sur l'agriculture, il n'y a pas de forges, il n'y a de fourneau que celui de Meulot, commune de Montigny.

» Dans le canton de Rouy, commune d'Azy, il y a un fourneau à Azy et deux forges à Valotte et une à la Gueurre, même commune d'Azy.

» Dans le canton de Nevers *extra muros*, commune de La Fermeté, il y a un fourneau à Cicogne et quelques forges.

---

(1) En deux articles différents de son Mémoire, M. Flamen d'Assigny parle de l'emploi des femmes et des enfants dans les travaux de la campagne :

« Je manque d'états pour donner l'état exact de la population, mais je sais que les hommes ne suffisent pas aux travaux, tant faibles qu'ils sont.

» Les femmes ne font guère que le travail de la maison.

» Depuis 8 ans jusqu'à 12, les enfants des deux sexes gardent de pauvres moutons ; de 12 à 16, ils gardent les vaches et les cochons. A 16 ans, les garçons passent au service des charrues et aux soins des bœufs comme aides du bouvier ; au même âge les filles arrivent au service de l'intérieur, soit dans la maison, soit au service des vaches et des jeunes bestiaux (**24**) ».

« Les femmes, dit ailleurs M. Flamen d'Assigny, ne contribuaient presqu'en rien aux travaux de la campagne, elles nettoient les étables et les écuries quand les hommes sont occupés ailleurs ; elles épanchent les fumiers assez mal, elles cuttent le chanvre et le filent seulement, elles ne filent point la laine, ce sont les hommes qui la cardent et la dégraissent. Du reste le soin des vaches et des veaux est encore dans le département extrêmement circonspect des femmes (**37**) ».

» Je crois qu'on ne fait d'acier qu'à Cicogne, encore n'est-ce que de l'acier rural.

» Dans ces fourneaux et forges, tout est chauffé avec le charbon de bois.

» Les bras qu'emploient les usines et le tirage des mines sont un dommage pour l'agriculture qui en manque.

» La majorité des prés qui avoisinent les usines leur est consacrée ; sans doute c'est aux dépens du nourrissage comme de l'engrais des bestiaux et par conséquent aux dépens de la riche agriculture, mais tout serait à sa place si on doublait les herbages et les pacages par les prés artificiels, car enfin les bois existent, les mines de fer existent et ce sont aussi des biens de la nature dont la société doit faire son profit (**17**) .

» Je ne connais pas que les fourneaux voisins coulent autre chose que des contrefeux de cheminée ; je ne sache pas non plus que les forges fabriquent aucun instrument pour la guerre ni pour les arts civils autres que les instruments aratoires les plus communs. Nous n'avons aucune fabrique de poterie ou de fayence (**36**) .

» Dans la commune de Saint-Firmin-aux-Amognes, au hameau de Sury, il y a deux fours à chaux, tuile, brique, mais le prix du bois y est trop élevé pour qu'on s'y livre à une fabrication considérable (**21**) .

» Les fabriques de nos campagnes se bornent à des toiles assez bonnes, mais plus ou moins communes ; ces toiles sont toutes de chanvre d'environ trois quarts et demi de largeur ; 2° des étoffes en fil couvertes de laines noires et quelquefois blanches. Les toiles (valent) de 2 francs à 3 francs l'aune (1), les étoffes de fil et laine de 3 francs à 3 fr. 50 l'aune même largeur. De temps immémorial, ces fabriques sont établies sans jamais être perfectionnées. On fait aussi depuis dix ou quinze ans beaucoup d'étoffes légères mais bonnes, dont la chaîne pareillement au fil est couverte en cotons rayés de différentes couleurs (**36**) ».

De quelques conséquences de la Révolution

Pour terminer cette étude, et en manière aussi de justification du laisser-aller général que nous observons à cette

(1) L'aune de Paris — la même que celle usitée dans la Nièvre — équivaut à 1 mètre 188445 (Soulages et Suard, *op. cit.*).

époque dans toute la région des Amognes, il est impossible de ne pas souligner ici les effets funestes de la Révolution : les bâtiments tombent en ruines, les bois sont dévastés, les voies et chemins de communication ont été rendus impraticables. Partout, c'est la destruction et le pillage ; dans les campagnes, rien n'est plus surveillé : le garde champêtre — une institution de fraîche date (1) — est un sujet de dérision quand il n'est pas lui-même une cause de scandale... Mais le travailleur de la terre, le laboureur qu'on appelle ici le métayer, a-t-il du moins gagné au nouvel état de choses ? A-t-il pu tirer profit en une certaine mesure de toutes les spoliations faites au « nom de la Nation » ? Erreur : la misère du peuple est littéralement effroyable ; directement ou par incidence, des impôts écrasants retombent sur lui, heureux encore s'il ne succombe pas à la tâche pour le seul enrichissement de quelque profiteur... Inutile d'ailleurs de pousser au noir ce sombre tableau qui est celui de tous les pays au lendemain d'une révolution : la seule lecture du Mémoire de M. Flamen d'Assigny est amplement suffisante pour nous fixer :

Des habitations rurales

« Les bâtiments ruraux ont toujours été suffisants et passablement entretenus, mais depuis la Révolution, beaucoup et beaucoup de granges, d'habitations même de métayers et fermiers ou de propriétaires jadis riches ou aisés tombent en ruine. On pourrait éviter une partie des reconstructions en prenant l'usage des meules ou des plongeons, mais c'est un usage nouveau à introduire et les fréquents incendies de granges feraient craindre encore plus pour les meules.

» Les couvertures en paille, si propres pour favoriser le crime du feu, sont aussi un grand dommage pour l'agriculture dans un pays où les pailles comme les foins manquent souvent aux bestiaux (**33**) ».

Devons-nous attribuer à une qualité défectueuse des matériaux de construction l'état de délabrement de tous ces bâtiments ? Nullement, bien au contraire on bâtissait, du moins on avait bâti bien et solidement dans les Amognes avant la Révolution.

« On ne manque ni de pierres de taille ni de moellons dans

---

(1) Loi du 28 septembre et 6 octobre 1791.

le pays, il y a des pays où il faut les chercher plus avant que dans les autres ; celles où la pierre est la plus rare sont celles où la terre arable est meilleure, comme Saint-Jean et surtout Montigny.

» La carrière de pierres meulières pour le canton et pour beaucoup d'autres est dans la commune de La Fermeté, canton de Nevers, *extra muros* (**20**).

» Le seul sable employé dans le canton est une pulvérisation plus ou moins fine des scories du fourneau où se fond la mine de fer ; on l'appelle sable de boucard ; ce sable mêlé à la chaux donne un très bon mortier(**23**) ».

Des bois

« Les communes de Saint-Jean et de Saint-Firmin n'ont pas entre elles 300 hectares de bois, celle de Saint-Sulpice en a peut-être 700 ; je ne connais pas assez les autres communes pour en parler. Tous nos bois sont taillés et se coupeut ordinairement à 16 ou 18 ans ; tous ont été ruinés pendant la tourmente révolutionnaire et le sont encore aujourd'hui et de la même manière par l'habitude du désordre et du pillage, par la dent des chèvres et des autres animaux.

» Dans les bois que je compte sont compris les bois usagers ; ceux-ci sont absolument nuls et pour de longues années encore, parce qu'ils ont été dévastés de longue main et en quelque sorte par l'autorité publique. Depuis peu d'années on s'occupe de leur restauration, mais combien le mauvais principe a-t-il plus d'activité que le bon : en moins d'une heure un chêne antique succombe, en une heure cent branches de taillis qui ont poussé durant dix-huit ans sont également couchées par terre ; l'instrument de dommage a toutes les puissances de l'enfer ; l'instrument qui crée et qui conserve n'a que celle de la raison.

» Les propriétés du canton sont closes et entourées d'un reste plus ou moins faible d'ormes dont les branches servent encore pour la plupart à l'entretien des clôtures ; mais depuis dix ans on n'a pas planté un arbre de remplacement (**18**) ».

Des routes et communications vicinales (1)

« Dans ma commune, non plus que dans toutes les

(1) Sur les routes au point de vue général, voir Lucien Gueneau : *L'Organisation du travail à Nevers*, Paris, Hachette 1919, in-8°.

Amognes, il n'y a pas une seule route à laquelle la main de l'homme ait jamais servi.

» Nous sommes tout près des chemins qui conduisent de Nevers à Saint-Saulge et dans le nord du département, en Morvan et à Autun, eh bien ! les chemins qui sont autour de nous pour Saint-Saulge et Châtillon sont des abîmes au moins trois mois de l'année. Toutes les communications vicinales trop étroites, obstruées par des pierres, des arbres, ou traversées par des eaux qui, souvent l'hiver, arrêtent le voyageur, ressemblent parfaitement à un pays sauvage ou abandonné par l'ingratitude de son sol, ce qui n'est pourtant pas le cas ; le pays n'est qu'à deux, trois et quatre lieues de Nevers et le sol ne demande que des avances, un autre système ou plutôt un autre plan de culture et une diminution des impôts qui l'écrasent depuis la Révolution, mais qui l'écrasent à la lettre, puisque leurs frères habitant des cantons du même département où il y a plus d'herbe, plus de bestiaux, plus de grains que dans nos communes appelées les Amognes, payent un tiers moins que nous (**35**) ».

De la police rurale

« Depuis la Révolution, il n'y a point de police dans nos campagnes ; les grandes destructions ont cessé, mais les pillages du bois, mais les destructions de haies vives et de toute espèce de clôture, mais le défaut de garde de bestiaux et les ravages des chèvres surtout sont au comble.

» Les gardes champêtres sont une dérision quand ils ne sont pas un scandale ; ils sont trop peu pour être utiles, trop mal payés pour être bien surveillés et trop dénués de propriétés pour prendre un véritable intérêt à la propriété générale (**32**) ».

Des fermiers et des métayers

« Les métayers qui dépendent des fermiers sont généralement moins bien que ceux qui dépendent des propriétaires : les fermiers qui ne travaillent pas sont des monopoleurs qui ne laissent à leurs métayers que ce qu'ils ne peuvent leur ôter (1).

---

(1) On a vu plus haut (page 16) que les 2/3 des métayers du canton de Saint-Sulpice (23 sur 38 exactement) dépendaient malheureusement des fermiers.

» Et comme les fermiers du canton ne sont pas assez riches, comme ils n'ont pas assez de capitaux pour se livrer à une culture vigoureuse et prospère, ils abandonnent tout aux métayers qui font tout avec leur ignorance, leur routine et leur pauvreté ordinaires : comme je l'ai dit, ils les pressent du labourage de leur réserve, et de toutes leurs voitures, de tous les impôts, du remplacement des dixmes, etc., etc., de manière que le fermier gagne à côté d'un ou de plusieurs métayers qui se ruinent en travaillant toute l'année pour ces fermiers qui les renvoient quand leur jeunesse et leurs forces sont épuisées (**6**) ».

Conclusion

Quelle conclusion tirer de ce tableau de la vie agricole dans les Amognes il y a un peu plus d'un siècle : Pour diverses raisons que nous avons essayé de mettre en relief, la situation, d'une manière générale, n'était alors guère enviable. De nos jours, au contraire, par suite du développement intensif de l'élevage surtout, la richesse, la prospérité de cette région sont presque passées à l'état de proverbe : Quel plus bel éloge à faire de tous ceux qui, par leurs enseignements, leurs expériences, leurs travaux, ont concouru à une transformation aussi radicale ? Et puis n'est-ce pas le cas d'évoquer aussi les deux vers toujours si profondément vrais du bon fabuliste :

« *Travaillez, prenez de la peine,*
C'est le fonds qui manque le moins ».

Avec sa compétence, avec sa clairvoyance, M. Flamen d'Assigny n'avait pas été sans avoir comme le pressentiment de cette heureuse évolution : Tel passage de son Mémoire, telles de ses observations dépassent de beaucoup le cadre de la simple relation : A maintes reprises, en dépit d'une modestie qui lui interdit — malheureusement pour nous — de laisser libre cours à l'exposé de ses conceptions personnelles, il trace la voie à ses successeurs, et à ce titre les dernières lignes de son Mémoire méritent une mention toute particulière : Quel admirable justesse de vues ne découvre-t-on pas dans le programme d'avenir tracé par ce grand ami de la terre ?

« L'agriculteur éclairé, habitant ou connaissant les pays où la culture est vigoureuse et grandement productrice, ne manquera pas de conclure que chez nous les avances, les capitaux placés dans l'agriculture sont très faibles... il aura raison, c'est de l'argent plus que de l'intelligence qui nous manque : Si le fermier avait plus d'argent, il sentirait qu'il faut l'employer à avoir plus d'herbes pour nourrir, élever, engraisser plus de bestiaux pour avoir plus de fumier et avoir plus de grains. C'est là tout le secret de l'agriculture. On dira que les terres de notre pays sont négligées de fumier depuis si longtemps qu'avant d'avoir du profit, le bail du fermier sera près de sa fin... on aura raison, et la conséquence naturelle c'est qu'il faut faire de plus longs baux.

» On dira que les fermiers ne peuvent rien donner au hasard, qu'ils ne peuvent pas répéter des expériences faites par d'autres avec avantage... on aura raison ; c'est aux propriétaires à faire peu à peu mais sans cesse et beaucoup à la fois des expériences de prairies, de moutons, de mélanges de fumiers et de terre, de recherches de marnes, de craies, pour nos terres fortes ou humides.

» Mais quand sera-t-il possible aux propriétaires de faire ces avances, ces expériences ?... Ah ! ne perdons pas courage ; sans l'espérance, tout rentrerait dans la nuit du chaos.

» Je dis plus : on peut encore quelque chose malgré les charges publiques, malgré tous les rabais de la Révolution : aimons les champs, faisons-les aimer à nos enfants, vivons-y avec eux, jetons-les dans cette grande fabrique avec gaieté, avec suite, avec intérêt, jetons dans la terre tout notre luxe et ces petites dépenses qui ne donnent aucun plaisir, et qui, répétées dans l'oisiveté des villes, ne laissent pas d'être une brèche à la fortune de la famille : la terre les rendra avec usure ; replaçons de même ces profits ; en peu d'années ils deviendront un capital qui, toujours placé en améliorations croissantes, doublera le prix du sol de notre pays ».

PIECE JUSTIFICATIVE

De l'agriculture du canton de Saint-Sulpice-aux-Amognes, spécialement des communes de Saint-Sulpice, Saint-Jean et Saint-Firmin au 1er Ventôse An IX.

(Manuscrit original conservé dans les Archives particulières de la famille FLAMEN D'ASSIGNY).

Le texte de ce Mémoire ayant été reproduit *in extenso* au cours de cette étude, mais suivant un ordre parfois assez différent de celui de M. Flamen d'Assigny, on trouvera ici la suite des titres des articles, tels qu'ils figurent à l'original : par simple rapprochement, il sera facile de procéder à la reconstitution exacte du document :

1° Du climat.
2° Du sol.
3° Des eaux.
4° Des clôtures et de l'écoulement des eaux.
5° Des mains qui cultivent.
6° Des baux avec fermiers et métayers.
7° De la culture des terres.
8° De la succession des récoltes.
9° Du produit des récoltes.
10° Des charrues.
11° Des engrais.
12° Du parc (à moutons).
13° Des prés naturels.
14° Des prés artificiels.
15° Des vignes et des vins.
16° Des étangs (article qui dit simplement que dans les communes de Saint-Jean, Saint-Sulpice et Saint-Firmin il n'y a pas d'étangs).
17° Des forges et fourneaux.
18° Des bois.
19° Des charbons de terre.
20° Des carrières.

21° Des fours à chaux, tuiles, etc.
22° Du plâtre.
23° Du sable.
24° De la population, de l'emploi des femmes et des enfants dans les travaux de la campagne.
25° Des animaux.
26° Des améliorations des bêtes à laine.
27° De la nourriture des chevaux et des bêtes à cornes.
28° De l'engrais des animaux.
29° Du ferrage des bœufs.
30° Des mouches à miel.
31° Des maladies des animaux.
32° De la police rurale.
33° Des habitations rurales.
34° Des vergers et jardins.
35° Des routes et communications vicinales.
36° Des fabriques du pays.
37° Du concours des femmes aux travaux de la campagne.

Après cet article se place cette note :

« Telle est à la lettre l'agriculture de ma commune de Saint-Firmin, de toutes les communes de Saint-Jean, Montigny, Ourouër, Saint-Sulpice, Bona et de quelques autres ».

Conclusion : « L'agriculteur éclairé, habitant ou connaissant les pays... etc. ».

www.ingramcontent.com/pod-product-compliance
Lightning Source LLC
LaVergne TN
LVHW050459160826
845677LV00003B/834